中国少年儿童科学普及阅读文库

探索·科学百科™

中阶

探险与掠夺

TANSUO
KEXUEBAIKE
4级B3

[澳]罗伯特·希恩⊙著

施顶立(学乐·译言)⊙译

Discovery
EDUCATION™

全国优秀出版社
全国百佳图书出版单位

广东教育出版社

广东省版权局著作权合同登记号
图字：19-2011-097号

本书原由 Weldon Owen Pty Ltd 以书名*DISCOVERY EDUCATION SERIES · Patriot or Pirate?*

（ISBN 978-1-74252-204-3）出版，经由北京学乐图书有限公司取得中文简体字版权，授权广东教育出版社仅在中国内地出版发行。

图书在版编目（CIP）数据

Discovery Education探索·科学百科. 中阶. 4级. B3，探险与掠夺/ [澳]罗伯特·希恩著；施顶立（学乐·译言）译. —广州：广东教育出版社，2014.1

（中国少年儿童科学普及阅读文库）

ISBN 978-7-5406-9477-7

Ⅰ.①D… Ⅱ.①罗… ②施… Ⅲ.①科学知识－科普读物 ②探险－世界－少儿读物 Ⅳ.①Z228.1 ②N81-49

中国版本图书馆 CIP 数据核字(2012)第167684号

Discovery Education探索·科学百科（中阶）
4级B3 探险与掠夺

著 [澳]罗伯特·希恩　　译 施顶立（学乐·译言）

责任编辑 张宏宇　李　玲　丘雪莹　　助理编辑 王　澍　于银丽　　装帧设计 李开福　袁　尹

出版 广东教育出版社
　　地址：广州市环市东路472号12-15楼　邮编：510075　网址：http://www.gjs.cn
经销 广东新华发行集团股份有限公司　　　　　印刷 北京顺诚彩色印刷有限公司
开本 170毫米×220毫米　16开　　　　　　　　印张 2　　　字数 25.5千字
版次 2016年5月第1版 第2次印刷　　　　　　　装别 平装

　　　　　ISBN 978-7-5406-9477-7　　定价 8.00元

内容及质量服务 广东教育出版社 北京综合出版中心
　　　　　电话 010-68910906 68910806　网址 http://www.scholarjoy.com
质量监督电话 010-68910906 020-87613102　购书咨询电话 020-87621848 010-68910906

Discovery Education 探索·科学百科（中阶）

4级B3 探险与掠夺

全国优秀出版社
全国百佳图书出版单位

广东教育出版社 学乐

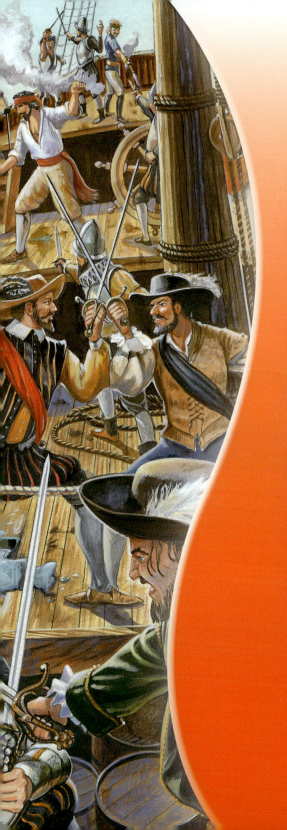

目录 | Contents

探险家的一生

1540 年，弗朗西斯·德雷克出生于英格兰德文郡。他的表兄约翰·霍金斯家在普利茅斯，非常富有。从 7 岁起，德雷克就在那里学习航海，22 岁左右开启了自己的航海生涯。

德雷克是个勇敢且有魄力的船长。他贩卖过奴隶，也劫掠过当时的海上霸王——西班牙船队的财宝。他做过环球航行，后来又受封为英格兰爵士。在英格兰大胜西班牙无敌舰队的那场战争中，德雷克也是英军的一个重要将领。但究竟该称他为爱国者还是海盗，这个问题值得探讨。

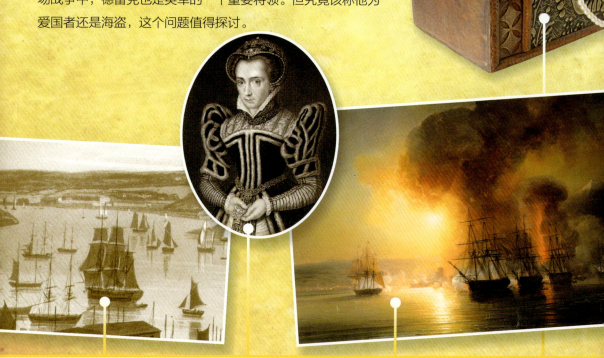

1547

普利茅斯是位于英格兰南部的一个港口城市。德雷克从7岁起，就在那里与从事航海的亲戚生活在一起，学习航海技术。

1554

英格兰女王玛丽一世与西班牙国王菲利普二世成婚。菲利普二世将这次婚姻视为一场政治联姻，目的是和英格兰建立良好的关系。

1567

德雷克与约翰·霍金斯一起前往新大陆（即美洲地区）。在墨西哥的圣胡安-德乌卢阿，他们的船只遭到了西班牙人的攻击，好不容易才脱离虎口。

1572

德雷克带着他的船员攻下了巴拿马的迪奥斯港，他们在那里抢劫了本来要送往西班牙的金银。

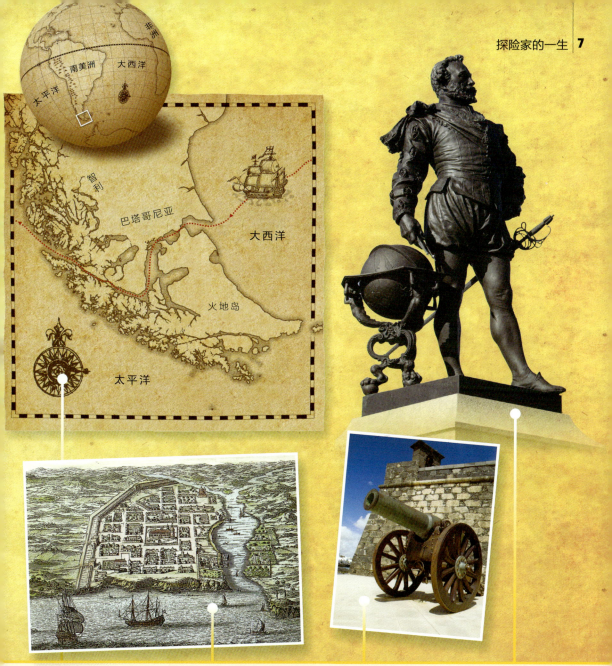

1577

　　德雷克开始了他的第一次环球航行。他穿过麦哲伦海峡，绕过南美洲最南端，穿越太平洋，最终完成了这次环球航行。

1586

　　德雷克占领了多米尼加共和国的圣多明各。此外，他还占领了西班牙在加勒比海地区的一些殖民地。这导致西班牙向英格兰宣战。

1587

　　尽管西班牙的加的斯布满了大炮，德雷克还是冲进了海港，给西班牙来了一个下马威，击毁了将近40艘船舰。

1596

　　弗朗西斯·德雷克爵士在巴拿马附近的海上死于痢疾。这尊雕像摆放在普利茅斯，德雷克站在地球仪边上，手拿利剑，英姿勃勃。

动荡岁月

1 6 世纪的欧洲动荡不安。西班牙是一个世界强国,强大而富有,在新大陆开辟了众多殖民地。当时的英格兰还很弱小,微不足道。1485 年,亨利七世成为英格兰国王,开启了都铎王朝,1603 年,亨利七世的孙女女王伊丽莎白一世去世,都铎王朝结束。伊丽莎白女王即位时,德雷克 18 岁,他和其他的一些航海者都受到了女王的资助。这些为 200 年后,英格兰发展成为大英帝国奠定了基础。

伦敦市景

　　16世纪的伦敦是英格兰的贸易和政治中心,人口众多,其中以穷人为主。

亨利八世

　　亨利八世在位期间使英格兰脱离了罗马天主教,他拒绝承认教皇的权威,立自己为英格兰教会的最高领导人。

安妮·博林

1533年，亨利八世的第二个妻子安妮·博林为他产下了第二个孩子伊丽莎白，这就是后来的伊丽莎白一世女王。安妮·博林只当了三年王后，1536年被斩首。

艰难岁月

玛丽一世女王是亨利八世的第一个孩子，她从1553年到1558年统治英格兰。玛丽是一个虔诚的天主教徒，而很多英格兰人却是新教徒。她的丈夫菲利普二世曾希望英格兰加入一场对法国的战争。那是一个宗教迫害严重、国内政局不稳、人民穷困潦倒的年代。

火烧刑罚

玛丽一世重新建立了与罗马天主教的关系，使英格兰重新成为天主教国家。当时有数百人因为不愿做天主教徒或者不愿放弃他们的新教信仰，而被绑在刑柱上烧死。

农村生活

都铎王朝早期，佃农的生活非常艰难，但伊丽莎白一世执政后，情况有所好转。

贸易和财宝

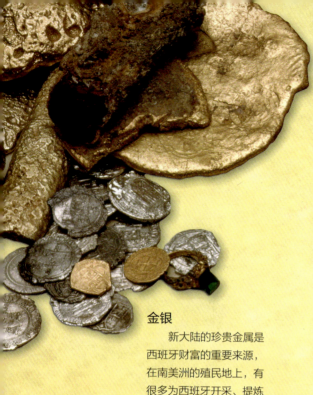

1519年，葡萄牙探险家斐迪南·麦哲伦启程西行，去寻找通往著名的香料群岛的海上航线。这次航行成为人类历史上的第一次环球航行。他指挥着五艘船只，通过麦哲伦海峡，绕过南美洲南端，穿越了广阔的太平洋，成功抵达香料群岛（也就是今天印度尼西亚的摩鹿加群岛）。大部分船员都死于航行途中，包括麦哲伦，但是幸存下来的船员最终回到了葡萄牙。

这次成功的航行为弗朗西斯·德雷克打下了基础。60年后，他也完成了一次相似的环球航行。在这60年间，欧洲国家为了保证自己与亚洲的贸易而相互争斗，并纷纷从新大陆掠夺财宝。

金银

新大陆的珍贵金属是西班牙财富的重要来源，在南美洲的殖民地上，有很多为西班牙开采、提炼金属的劳工。

香料群岛

1511年，葡萄牙击败西班牙，夺取了马六甲海峡，这是当时香料贸易的必经要道，如今属于马来西亚。葡萄牙和西班牙为了香料贸易势不两立，而荷兰和英格兰也希望从中分到一杯羹。

印加的宝藏

16世纪，西班牙征服了印加人，占领了秘鲁。他们在首都库斯科盗取了很多印加文明的宝藏。印加人以制作精致的金银首饰和贵重工艺品而闻名。

香料

香料在欧洲是非常珍贵的东西，它们不仅仅被作为食物的调味品，在冰箱发明之前，人们还用香料帮助储存、处理变质的食物，甚至用香料处理伤口和治病。

奴隶贸易

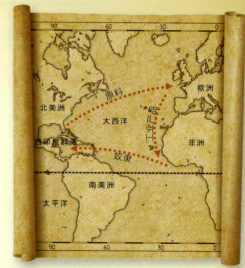

英格兰人开始意识到新大陆蕴藏着巨大的财富，也看到了西班牙利用非洲奴隶获得的好处。德雷克的表兄约翰·霍金斯是一个造船者和商人，在富裕的英格兰金融家的资助下，他做起了贩卖奴隶的生意。从 1560 年起的 7 年时间里，霍金斯三度离开普利茅斯前往新大陆。1567 年，德雷克指挥自己的"朱迪思"号，跟着霍金斯一同前往。

他们突袭西班牙运送奴隶的船只，绑架从非洲西岸运来的非洲人。他们把这些人作为奴隶卖到了西印度群岛的各个港口。霍金斯、德雷克和资助他们的金融家都大赚了一笔。

横跨大西洋的运奴线路

16世纪早期到中期，欧洲人从非洲西岸把奴隶运送到西印度群岛。后来，欧洲人往非洲西部运送工业产品，往美洲运送奴隶，并将美洲大农场生产的蔗糖和烟草运回欧洲。

奴隶贸易

葡萄牙人最先做起了奴隶贸易，后来西班牙人也加入其中。最贵的是那些身强力壮的非洲人，他们会被卖给美洲的农场主和矿场主。

铁球和铁链

奴隶的腿上常会绑上一条沉重的铁链，上面缀着一个实心铁球。或者，他们的两条腿会被铁链绑在一起。这样做是为了防止奴隶跳海或者逃跑。

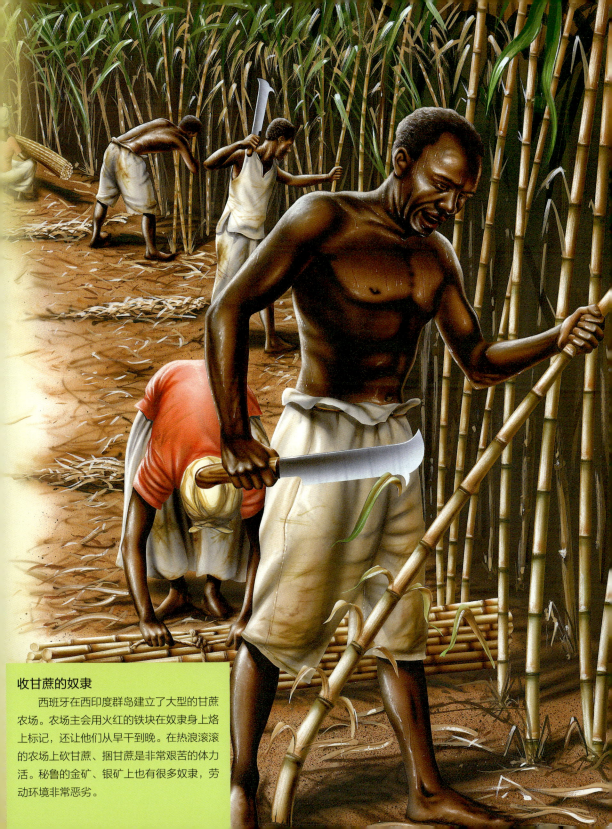

收甘蔗的奴隶

　　西班牙在西印度群岛建立了大型的甘蔗农场。农场主会用火红的铁块在奴隶身上烙上标记，还让他们从早干到晚。在热浪滚滚的农场上砍甘蔗、捆甘蔗是非常艰苦的体力活。秘鲁的金矿、银矿上也有很多奴隶，劳动环境非常恶劣。

新大陆

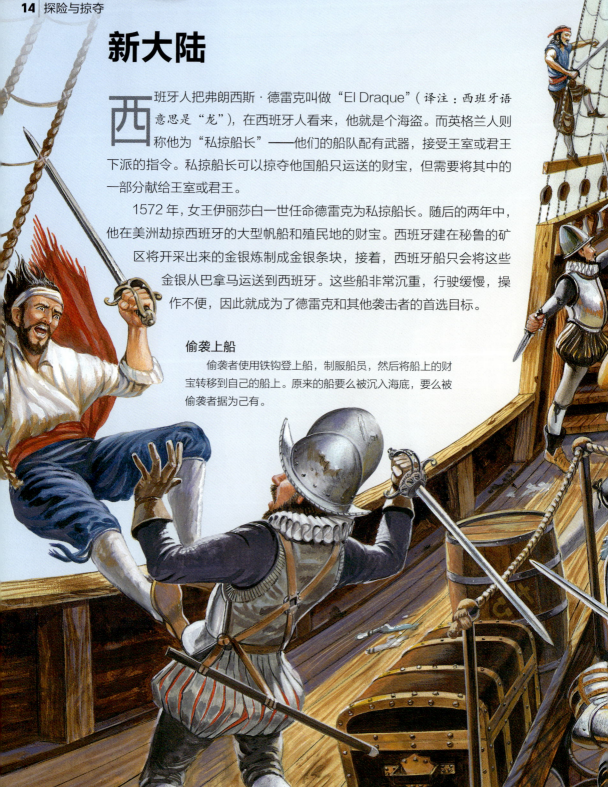

西班牙人把弗朗西斯·德雷克叫做"El Draque"（译注：西班牙语意思是"龙"），在西班牙人看来，他就是个海盗。而英格兰人则称他为"私掠船长"——他们的船队配有武器，接受王室或君王下派的指令。私掠船长可以掠夺他国船只运送的财宝，但需要将其中的一部分献给王室或君王。

1572年，女王伊丽莎白一世任命德雷克为私掠船长。随后的两年中，他在美洲劫掠西班牙的大型帆船和殖民地的财宝。西班牙建在秘鲁的矿区将开采出来的金银炼制成金银条块，接着，西班牙船只会将这些金银从巴拿马运送到西班牙。这些船非常沉重，行驶缓慢，操作不便，因此就成为了德雷克和其他袭击者的首选目标。

偷袭上船

偷袭者使用铁钩登上船，制服船员，然后将船上的财宝转移到自己的船上。原来的船要么被沉入海底，要么被偷袭者据为己有。

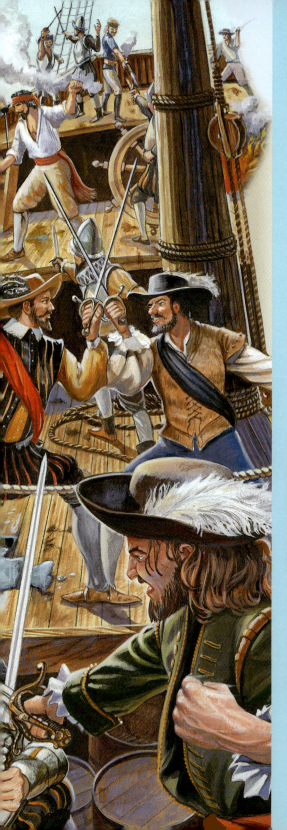

当地人的灾难

欧洲人给当地人带来的影响是灾难性的。对于欧洲人带来的疾病，当地人丝毫没有抵抗能力。而那些幸存下来的人则被逼在入侵者的矿区做奴隶。

玻利维亚波托西的矿区

1546年，波托西被建成了一个银矿小镇。当地的劳动力像奴隶一样从附近的"财富山"上开采银矿，并进行炼制。

佛罗里达卡罗琳堡的胡格诺派教徒

法国的胡格诺派属于新教徒。1564年，大约200个胡格诺派教徒逃离法国，在佛罗里达的卡罗琳堡建立殖民地。1565年，西班牙人将殖民地的所有居民杀害或囚禁。

在美洲

1577 年，弗朗西斯·德雷克带领五艘船只驶离英格兰普利茅斯。他命令船队穿过麦哲伦海峡，沿美洲西岸海域北上，调查西班牙在美洲西海岸的殖民地范围。但在穿越麦哲伦海峡后，只有德雷克自己的船"鹈鹕"（tí hú）号继续航行。

德雷克把"鹈鹕"号更名为"金鹿"号，继续往北航行，抢掠西班牙的殖民者。他绘制了北美洲西海岸的航海图，完成了他此次航行的第一段行程。

你知道吗？

德雷克一直往北航行，经过了今天的加利福尼亚，甚至到了阿拉斯加海岸。他想寻找一条通过美洲以北的海域往东航行到英格兰的路线，可他最后还是被迫回到了加利福尼亚。

海上偷袭

1579 年初，德雷克和他的船员偷袭了一艘运送财宝的西班牙船只"圣玛利亚"号，惊呆了的西班牙人被德雷克制服，德雷克夺取了一整船的财宝。

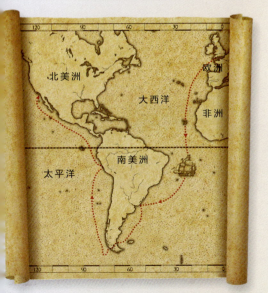

在加利福尼亚登陆

　　德雷克沿着美洲西海岸北上，航行到了加利福尼亚并在那里上岸，这比西班牙最北面的殖民地洛马角（也就是今天的圣迭戈）更靠北。德雷克把这个地方命名为新阿尔比恩，宣布其为英格兰领土。

探索美洲

　　在今天的加利福尼亚登陆后，德雷克考察了他们的处境，决定穿越太平洋返回英格兰。他将开启他具有历史性意义的第二段行程，"金鹿"号也为此做好了准备。

环球航行

英格兰的香料来源

相比葡萄牙、西班牙和威尼斯而言，英格兰并没有非常好的获取香料的途径。但1579年，德雷克为英格兰找到了能够直接获取香料的途径。21年后，东印度公司成立。

1577年德雷克起航的时候，没人知道他是否打算做环球航行。也许他自己也不清楚，或者这只是他内心的一个秘密。他最初率领的五艘船都配备了武器，看来是想同西班牙人大战一场的。但是"金鹿"号装着满满一船的财宝，也许是出于避免遭遇西班牙大帆船的考虑，德雷克最终决定向西航行，穿越太平洋驶向香料群岛。

东北信风让德雷克穿越太平洋的航行轻松不少，但这段行程还是耗时两个多月。他在香料群岛停留了一段时间后，绕过好望角，于1580年9月返回英格兰，受到了英雄般的热烈欢迎。

苏丹王的帮助

1579年11月，德雷克到达摩鹿加群岛的特尔纳特，停留了近两个月。特尔纳特的苏丹王非常热情，为了保证"金鹿"号的安全，苏丹王还帮助德雷克的海员把船泊入特尔纳特港。

暗礁

1580年，"金鹿"号正向爪哇岛的方向驶去，离家越来越近，却突然遇上了暗礁。不管是拖船，还是扔掉一些货物让船变轻，都不管用。幸运的是，第二天，一阵大风刮来，让船脱离了危险。

欧洲

亚洲

北美洲

非洲

太平洋

大西洋

印度洋

西里伯斯海

婆罗洲

摩鹿加群岛

太平洋

西里伯斯

摩鹿加海

爪哇海

班达海

爪哇

阿拉弗拉海

环球航行

在麦哲伦的船队完成环球航行近60年后，弗朗西斯·德雷克也完成了这个壮举。德雷克是第一个完成环球航行的英格兰人。

特尔纳特岛

赫赫有名的"香料岛国"特尔纳特岛由强大的特尔纳特苏丹王所统治。此前，苏丹王与荷兰人的谈判刚刚破裂，因此他非常乐意接待德雷克。

"金鹿"号

大型帆船

大型帆船是一种横帆航海船只，是西班牙和英格兰等航海国家使用的重要船只。它们有三个或三个以上的桅杆，甲板也有三层或三层以上。

弗朗西斯·德雷克完成环球航行后，他驾驶的船只"金鹿"号也大名远扬。在大型帆船中，"金鹿"号并不算大，它大约有 21 米长，6 米宽。它的原名是"鹈鹕"号，但在 1578 年，为了向此次航行的主要资助人克里斯托弗·哈顿爵士致敬，德雷克决定将其改名为"金鹿"号。之所以起这个名字是因为哈顿家族的徽章上有一头鹿。德雷克能够完成环球航行，是因为他掌握了出众的航海技术，并且充满勇气。德雷克成功凯旋后，"金鹿"号就被当成了国宝，人们把它拖上岸保护起来，向公众展示，再也不用来航行了。

主要特征

"金鹿"号基本上和这里展示的大型帆船类似。如今，英格兰还保留着两艘"金鹿"号的复制品。

帆

横帆从帆桁上挂下来，帆用坚韧的帆布做成，帆桁则用松木做成。

船首斜桁

前桅上的船帆可以通过绑在船首斜桁上的绳子来调节。

船前小帆

船首最前面也有一面帆，叫做船首小帆。

海上生活

甲板下是非常拥挤而又混乱的。船员和食物一起挤在这里，而且还有偷吃食物的老鼠光顾。船长们通常会待在甲板上的船舱里。

下甲板

这层甲板上养着鸡类牲畜，为海上的船员提供鸡蛋和新鲜的肉。这里还装着饮用水和腌肉等其他食品。

龙骨

龙骨就是一艘船的脊骨，从船头延伸到船尾。大型帆船的龙骨是用老橡木或老桃花心木做成的。

船尾甲板

这是位于船尾的一块小夹板。船尾甲板在拉丁语中有"坚固"的意思。

压舱物

船体的最底层装着很多石头作为压舱物，让船在大海中保持平衡。

重要人物

弗朗西斯·德雷克在他非同寻常的一生中得到过很多重要人物的帮助，其中最具影响的当然是伊丽莎白一世女王，她一生都致力于将英格兰变成全球贸易和探险的领导者。

表兄约翰·霍金斯在德雷克成名致富的道路上也起到了重要作用。他们的人生轨迹很相似。他们都是英格兰击败西班牙无敌舰队那场海战中的将领，他们都因疾病死于西印度群岛——德雷克于 1596 年 1 月去世，两个月后霍金斯去世。

沃尔特·罗利爵士

沃尔特·罗利爵士是德雷克的远房亲戚。1585年，他在北美洲的罗阿诺克岛上建立了殖民地。罗利的"皇家方舟"在击败无敌舰队的战争中立下了汗马功劳，是战争中的旗舰。

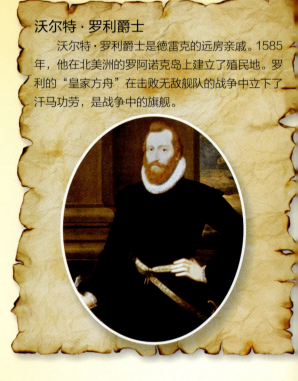

献给女王的珍珠首饰

伊丽莎白一世女王对德雷克充满感激，也不忘褒奖他。她全力支持德雷克在全球的贸易和探险，德雷克带回家的战利品当然也有女王的一份。

约翰·霍金斯爵士

约翰·霍金斯爵士（图右）教会了德雷克（图中）航海技术。1518年，他因富有的家庭背景和高超的航海和造船技术，被任命为皇家海军财务总管。

弗朗西斯·沃尔辛厄姆爵士

弗朗西斯·沃尔辛厄姆爵士出身于贵族家庭，很快被擢（zhuó）升为伊丽莎白女王的外交顾问。他是德雷克的主要经济资助者，但在他心目中，德雷克就是个海盗。

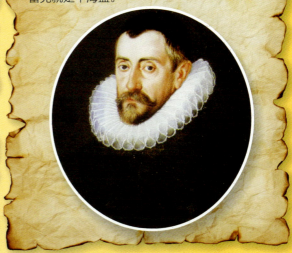

菲利普二世国王

这个西班牙国王试图通过迎娶伊丽莎白一世同父异母的姐姐玛丽一世女王，与英格兰建立联盟关系。但在1585年，两国卷入战事。

斐迪南·麦哲伦

这位出生在葡萄牙的探险家受西班牙国王查理一世的指派，进行航海。在1519年到1521年之间，他发现了一条从欧洲到香料群岛的西行之路。他的成功启发了德雷克。

名声、财富、掠夺

1581 年，弗朗西斯·德雷克受封为爵士，此后一段时间他暂时离开了航海事业。直到 1585 年，他再次率领由 25 艘船组成的船队，浩浩荡荡前往西印度群岛，目的是去打劫西班牙的殖民地。从佛得角群岛到佛罗里达，他们只要看见西班牙人的城镇就进行打劫和破坏。

也就在那个时候，英格兰间谍得到消息称，西班牙正在秘密建设海军，准备进攻英格兰。1587 年 4 月，德雷克给西班牙军队来了一个下马威。他潜入加的斯港，在 50 个小时内摧毁了 30 多艘停泊的西班牙船舰。相比之下，英格兰付出的代价却非常小。这次袭击对西班牙海军造成了重创，使他们进攻英格兰的计划推后了 12 个月。

援救殖民者

罗阿诺克岛位于北美洲，是英格兰1585年建立的殖民地。一次，殖民地食物供给紧张，德雷克就把100个殖民者送回英格兰，救了他们一命。

还是私掠船长

德雷克继续做着他的私掠船长。他们在葡萄牙沿岸攻上了"菲利佩"号，抢夺了船上的财宝。他们还袭击过西班牙海军的补给船。

炮轰无敌舰队

　　约翰·霍金斯和弗朗西斯·德雷克共设计了25艘"竞速船"，"先锋"号战舰就是其中之一。它能全速前进，也能灵活掉头。船上配有火炮，在接近敌军的情况下，可以从水下穿透西班牙大型帆船的船体。

无敌舰队

菲利普二世国王计划向英格兰发动战争，他们组建了无敌舰队，目的是摧毁英格兰皇家海军。如果他们获胜，西班牙军队就可以自由穿越英吉利海峡，甚至占领英格兰。无敌舰队由 160 艘船舰组成，有约 8 000 名水手和近 20 000 名海军战士。很多战船都很笨重，行速缓慢。英格兰舰队则由大约 200 艘比较轻巧的船只组成。德雷克是英格兰皇家海军的指挥将领之一。

1588 年 7 月的一天，无敌舰队到达了英吉利海峡，连夜下锚，蓄势待发。不料英格兰放出了八艘熊熊燃烧的火船，逼得西班牙舰队慌忙四散逃离。经过激烈的格瑞福兰海战，英格兰海军大获全胜。

狼狈不堪的无敌舰队

战后，无敌舰队幸存的船只往北航行，穿过苏格兰以北海域，再从爱尔兰以西海域南下。由于这些船上几乎没有完好的航海地图，而且很多都没有了锚，不少船都在狂风巨浪中破损了。只有不到一半的船舰和仅约 10 000 人，最终回到了西班牙。

? 你来评评

很多人都认为弗朗西斯·德雷克是个敢做敢为的人，他总能把自己的想法付诸实践并成功实现。但如今也有很多人认为，他的手段太过凶残了，而且也违背国际法。不过也有人替他辩解，因为他不过是以其人之道还治其人之身罢了，德雷克是一个敢于冒险、目光长远、持之以恒、有勇有谋的人。

"金鹿"号

载着德雷克完成环球航行的这艘帆船已经在100年间，接受了世人的无数次参观。

政治家

1581年，弗朗西斯·德雷克爵士被任命为普利茅斯市长。到1584年，他已经是非常受欢迎的一名议员了。普利茅斯的供水系统就是德雷克在任期间建设完成的。

德雷克像

1884年，在英格兰的普利茅斯海湾，高达三米的弗朗西斯·德雷克爵士的铜像正式向世人展出。

陆上袭击

德雷克也会在新大陆的各处西班牙殖民地上，劫掠那些准备运往西班牙的财宝。

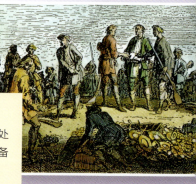

爱国者

德雷克原本是一个平民，一个勇敢的船长，但他凭借自己的努力，成为了皇家海军副司令和英格兰爵士。他还是英格兰人心目中的英雄。

海盗

德雷克是一个新教徒，他反对天主教，也敌视西班牙。他认为，劫取西班牙的东西是正义的行为。

胜利之战

弗朗西斯·德雷克爵士作为英格兰皇家海军的代表，接受西班牙无敌舰队司令的投降。

逃离噩梦

德雷克是一个奴隶贩子。一些被俘虏的非洲人宁可从运送奴隶的船上跳下，葬身大海，也不愿受奴役和欺凌。

海上偷袭

装满财宝开往西班牙的大型帆船，很容易成为德雷克和其他英格兰私掠船长的攻击对象。他们常常指挥着自己快速轻巧的船去偷袭西班牙帆船。

黄金

西班牙人认为弗朗西斯·德雷克是个海盗。菲利普二世国王曾悬赏相当于现在价值2 000万美元的黄金抓捕德雷克。

知识拓展

联盟国 (allies)
彼此关系很友好的国家。

贵族的 (aristocratic)
社会上层人士，有世袭权位。

舰队 (armada)
指武装舰队，尤指西班牙海军的无敌舰队。

殖民地 (colonies)
政治上受到他国控制的特殊地区。

朝代 (dynasty)
一段由同一家族统治一个国家的连续时期。

痢疾 (dysentery)
一种消化系统感染病，能产生严重甚至致命性后果。

火船 (fire ships)
人为点火的船只，意在引燃其他船只。

对外政策 (foreign policy)
一国旨在处理与别国关系的政策。

印加人 (Inca)
最初生活在秘鲁库斯科谷地的一种人。

本土的，当地的 (indigenous)
在某个地方土生土长起来的。

爵士 (knight)
英格兰统治者以军衔的形式授予的一种爵位，是受封者的荣耀，要求受封者忠于君王。

易操作的 (maneuverable)
能够灵活便利地改变位置、容易上手的。

停泊的 (moored)
停靠在码头或是配有绳索的停泊区。

人工制品 (artifacts)
由人工制作而成，与自然生成相对。

奴役，束缚 (bondage)
受人控制或做人奴隶的状态。

环球航行 (circumnavigate)
完整环绕地球一周的航行。

大农场 (plantation)
种植作物或树木的大片土地。

政治结盟 (political alliance)
国与国之间为共同利益而达成某种协定。

新教徒 (Protestant)
基督教的一种，以《圣经》为唯一的真理来源，抵制教皇的权威。

精炼 (refining)
从矿石中提炼出纯金属。

宗教迫害 (religious persecution)
仅仅因为宗教信仰的差异而进行惩罚。

赝品 (replicas)
正品的仿制品。

罗马天主教 (Roman Catholic)
由教皇领导的基督教，总部设在梵蒂冈。

航海的，海上的 (seafaring)

从事航海或者造船有关的事业的 。

战利品 (spoils)

通过武力抢夺的物品或财产。

信风 (trade winds)

称贸易风，位于赤道附近横吹大洋的一种风，风速较慢。

探索·科学百科™

Discovery EDUCATION™

世界科普百科类图文书领域最高专业技术质量的代表作

小学《科学》课拓展阅读辅助教材

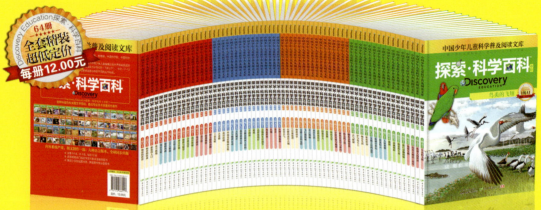

64册
全套精装
超低定价
每册12.00元

Discovery Education探索·科学百科（中阶）丛书，是7~12岁小读者适读的科普百科图文类图书，分为4级，每级16册，共64册。内容涵盖自然科学、社会科学、科学技术、人文历史等主题门类，每册为一个独立的内容主题。

Discovery Education
探索·科学百科（中阶）
1级套装（16册）
定价：192.00元

Discovery Education
探索·科学百科（中阶）
2级套装（16册）
定价：192.00元

Discovery Education
探索·科学百科（中阶）
3级套装（16册）
定价：192.00元

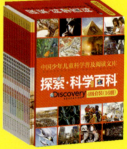

Discovery Education
探索·科学百科（中阶）
4级套装（16册）
定价：192.00元

Discovery Education
探索·科学百科（中阶）
1级分级分卷套装（4册）（共4卷）
每卷套装定价：48.00元

Discovery Education
探索·科学百科（中阶）
2级分级分卷套装（4册）（共4卷）
每卷套装定价：48.00元

Discovery Education
探索·科学百科（中阶）
3级分级分卷套装（4册）（共4卷）
每卷套装定价：48.00元

Discovery Education
探索·科学百科（中阶）
4级分级分卷套装（4册）（共4卷）
每卷套装定价：48.00元